U0193181

[马来西亚] 文煌 著 [马来西亚] 氧气工作室 绘

音波攻城

声音

序

世界之大，无奇不有。我们生存的地球上依然有许多未解之谜，更何况是神秘莫测、犹如大迷宫的宇宙呢？虽然现今日新月异的科学技术已发展到很高的程度，人类不断运用科学技术解开了许许多多谜团，但是还有很多谜团难以得到圆满解答，比如宇宙，以现今的技术只能窥探出其中的一小部分。

从古至今，科学家们不断奋斗，解开了各种奥秘，同时也发现了更多新的问题，又开启了新的挑战。正如达尔文所说："我们认识越多自然界的固有规律，奇妙的自然界对于我们而言就越显得不可思议。"人类的探索永无止境，这也推动着科学的发展。

"X探险特工队科学漫画书"系列在各个漫画章节中穿插了丰富的科普知识，并以浅显易懂的文字和图片为小读者解说。精彩的对决就此展开，人类能否战胜外星生物呢？

人物介绍

小宇
好奇心重的英雄主义者，性格冲动，但具有百折不挠的精神。

石头
诚实可靠，且非常擅长维修机器，食量大，对昆虫着迷。

小S
博士发明的小机器人，有扫描、分析、记录、摄影、通信、开启保护罩等功能的超级微型电脑。

小尚
分析力强且聪明冷静，致命弱点是害怕昆虫。

艾美丽

戴安娜

聪明、爱美的电脑高手，平时很严厉，私下却很关心同伴。

研究室基地行政人员，教授的得力助手，是一位成熟、美丽、大方的女人。

达文西博士

国家科学研究院教授。学识渊博，喜爱冒险，但生性懒散。

阿空

小宇的父亲，全能型发明家，但发明的东西总是会有一些缺点，宇宙旅行回来的"星际浪者"。

目录

＊本故事纯属虚构

第1章
追踪神秘人!

不过，异星调查局迟早会来找我们麻烦，不如攻占地球，可能……

我听得懂你们的语言。

我觉得你们真正的目的并不是侵略地球。

嗞!

嗖!

!

印尼雅加达

可恶！那个神秘人到底把米鲁捉去哪里了？

既然你认为他是外星人，我们就只能等总部派发任务，现在急也没用。

我知道，可是……

现在最重要的是这个叫小天的男孩。

话说，最近外星人事件越来越多了。

什么？

我有听总部的人说过，而且外星人骚动事件也频频发生。

一些队员在好几个任务现场发现了我们熟悉的东西。

神秘人的徽章。

又是他们！

怎么什么事件都跟他们有关……

感觉事情越来越不简单了。

我已经吩咐小S多加留意，一有关于神秘人的任务就马上接下来。

这么一来，我们很快就会升级。

玩太多电子游戏了？

不过，小宇，你最好别太感情用事，这样对我们执行任务不太好。

我知道，不过我答应了要送米鲁去见他的父母，男子汉要说到做到！

看来小宇很关心米鲁这个儿子呢！

是啊……

看吧！米鲁果然是你的儿子，这下承认了吧！

不是！臭艾美丽，你干吗误导我？

009

其实博士有打过电话回来报平安，但安娜姐听不到铃声。

为什么?

因为我在安娜姐的手机里做了个实验。

我安装了一种成年人听不到的手机铃声。

人可以听到的声音频率范围为20～20000赫兹，而这种铃声是14400赫兹的高频声音。

青少年的耳朵较灵敏，能听到这种铃声并觉得刺耳，但成年人一般听不到。

臭小尚，谁允许你碰我的手机啦?!

把这种高频声音给我删掉，听久了会伤害你们的耳膜!

是啊，你们发出的噪声也正在伤害我的耳膜。

滚!

看吧！被赶出来了，谁叫你们大吵大闹！

明明喊得最大声的就是你。

所以，博士现在很安全，安娜姐可以放心了。

我现在只想快点接到关于神秘人的任务。

呼

小宇，有个任务里的外星生物身上有神秘人的徽章！

太好了，马上接下来！

魔吼兽

次声波

次声波是低频率声音，频率小于20赫兹，会绕过障碍物，可传播到很远的地方。自然界中，地震、火山爆发、海浪、海啸、流星、极光、太阳磁暴等会发出次声波。人类活动也会发出次声波，例如飞机、火箭、导弹飞行和核爆炸等。

波长

▲ 次声波的波长很长。

人无法听见次声波，但能感受到强烈的次声波。不是所有的次声波都对人体有害，除非长时间曝露在强烈的次声波环境中。次声波的穿透力很强，能穿透人体，使人感到头痛、恶心、紧张、不安、焦虑和产生幻觉。当次声波和人体产生共振，会影响器官的工作，严重时可导致内出血和死亡。

一些动物用次声波来沟通、导航以及寻找食物和伴侣。发生大型灾难之前，由于次声波过于强烈，动物们会感到害怕而急忙逃离现场。

◀ 鲸鱼会用次声波和同伴沟通，人类活动所导致的海洋噪声与日俱增，鲸鱼无法分辨出声音是否来自同伴，这会影响它们的生活，甚至可能引致其集体搁浅。

次声波的用途

次声波有许多用途，例如检测人体器官是否正常运作，发明可彻底清洁牙齿的声波振动牙刷，预测大型灾难，检测环境气温和风向等。

次声波武器

次声波能杀人于无形，一些国家在秘密研发次声波武器，然而，还未能真正应用。除了用于战争，有些国家的警方会用声炮来对付示威群众，有些商家用"蚊音"警报器来驱赶深夜流连在外的少年。

次声波和超声波有什么不同？

次声波是低频率声波，而超声波是高频率声波，波长比次声波的短。不管是次声波还是超声波，人类都听不见。超声波碰到障碍物时会反弹，视力不太好的动物借此来判断前方的物体，人类则以超声波测量距离，或用于医学诊断（显示人体组织、胎儿的图像）。

小知识 声音会让人感到害怕吗？有人会患上恐音症，对特定的声音产生反感、害怕和焦虑等情绪，也会引起生理上的不适。

第2章
怪兽出没!

很久很久以前，在一个很遥远的星系……

银河帝国叛军派出巨怪兽，出征宇宙联合国，夺取政权……

联合军节节败退，只能在黑暗中残喘着期待曙光出现。

这里的山路崎岖，用自动飞行导航，确实方便又快速。

别兜一个圈称赞自己设计的"巨石号"啦！

现在不是闲聊的时候，这片山区充满危机，我们不可以掉以轻心！

你的衣服好像不一样了？

哪有？

小尚说的没错，这片山区确实不太寻常。

任务资料里提到，这里最近常常出现一些奇怪的现象。

一些登山的孩子常常会听到一些奇怪的声音，而且它还会引起头晕、呕吐。

我好奇的是，这里居然有一个外星国家，而且之前还没被人发现。

它的翅膀
居然这么
坚硬!

嗖!

嗖!

砰!

砰!

砰!

砰!

咦?
没人在驾
驶座!

砰!

砰!

砰!

别以为我拿你
没办法!

咔
嚓!

砰!

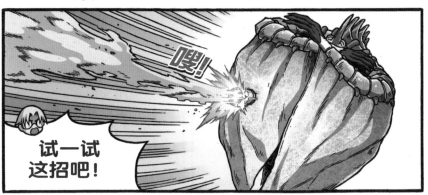

嗖!!

试一试
这招吧!

疾风龙卷炮

赢了！

小尚
好帅！

（你们是什么人？）

啪！

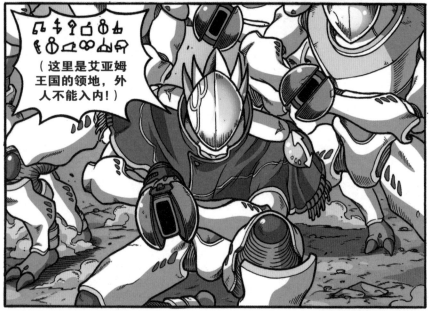

（这里是艾亚姆王国的领地，外人不能入内！）

冷静，我们是异星调查局派来的X探险特工队！

异星调查局？

各位听到了吗？

我们的援军来了！

这下那些叛军完蛋了！

你们好，我们是艾亚姆王国的白兵团！

你好……

只要你们帮忙解决掉魔吼兽……

我们征讨黑军团就没有障碍了！

等消灭了黑军团，艾亚姆王国一定重重有赏！

哒！

哒！

哒！

哒！

超声速

声音可以在不同的介质中传播。比起液体和固体，声音在气体中传播的速度是最慢的，在15℃的空气中约为每秒340米。超声速就是比空气中声音的传播速度更快的速度，如飞行的子弹、军用战斗机、宇宙轨道飞行器的速度等。声音无法在真空中传播，所以在外太空是听不见声音的。

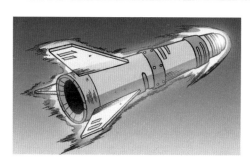

超声速飞机和火箭是航空运输领域的福音，当它们以超声速前进时，与空气摩擦会导致表面升温熔化，因而需采用可抗高温的材料。

一般客机最快的速度是0.8马赫，而世界上首个超声速客机"协和号"则能以2.0马赫行驶，仅用不到一半的时间便能抵达目的地。目前"协和号"客机已经全部退役。

小知识 马赫是一个代表速度的量词，一般用于飞行器，小于 1 代表比声速慢（亚声速），大于 1 代表比声速快。5马赫以上则是"超高声速"，即超过声速的 5 倍。

声爆

当飞机飞行速度接近声速时，就会感到阻碍前进的假象屏障——声障，也就是声音产生的冲击波。飞机突破声障时，会形成声爆，听起来就像是雷声或爆炸声。

◀ 超声速飞机的"鼻子"都很尖，具有最小的阻力，能轻松冲破声障。

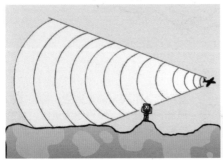

超声速飞机的速度只要比1马赫更快，就会不断产生声爆。飞行员是听不见声爆的，在陆地上的人们若处于飞机尾部噪声冲击波的路径范围内，就会十分清楚地听见声爆。

◀ 飞机的重量、尺寸、形状，海拔高度，天气等都能影响声爆。飞机越大，声爆也越响亮。

声爆是噪声，会影响人们的日常生活和睡眠品质，更会损害听觉系统。同时，声爆也会造成墙壁破裂，震碎建筑物的门窗玻璃。所幸，超声速飞机必须在特定的高度以上飞行，并远离城市上空，从而降低声爆对地面上的人们和建筑的影响。

轰隆!

小知识

雷声属于声爆的一种。

第3章
任务地点是……
小人国？

呃……

这里是什么地方？

为什么我会睡在棺材里？

是谁在恶作剧……

如果让我知道是小宇他们干的好事……

他们就
完蛋了！

咦，怎么
这么容易就
撑破了？

呃……这些
小人是怎么
回事？

嗞!

啪嚓!

报告将军，已经成功制服巨人！

你们……幸好我穿着铠甲，不然就被你们电焦了。

白兵团那些愚者，居然想到与地球人勾结！

我们手上有人质，看他们还能怎样！

魔吼兽……

是来自怪兽星球蛮罗萨星的生物。希望你们可以帮忙活捉它。

活捉？你们想把它当宠物养吗？

我们有控制它的方法，它对我军来说是一股强大的战力。

万一它落入黑军团的手里，对我军也会造成麻烦。

我们到了。

这里是隐形地带，穿过去就是了。

咕噜

原来是隐藏起来了。

咕噜

咕噜

大家别慌，他们是来帮助我们的！

真的吗？

对了，我还没自我介绍。

我是艾亚姆王国白兵团的布诺将军。

鸡?!

鸡？那是什么东西？

难道是可以活捉魔吼兽的武器？

要吃吗？

魔吼兽袭击了那里吗？

没错！就是因为它，害我们出兵黑军团的计划一直推迟！

黑军团已经背叛了王国，不可原谅！

艾亚姆王国本来是由我们白兵团和黑军团共同守护的。

逃亡期间我们收到了从地球发出的信号。

所以是那些信号召唤你们来地球避难的?

是的,我们到达地球后,黑军团却叛变了。

还抢走了我们另一座城市。

从那之后,我们就有与黑军团开战的雄心,却被魔吼兽打乱了计划。

你说的信号，难道是异星调查局……

不可能！

异星调查局从不主张人类与外星人接触。

更别说发出信号召唤他们。

最近外星人事件越来越多，难道跟这个信号有关？

也许我们之前遇到的外星生物也是因此而来到地球的。

动物的发声方式

声音对于生活在空中、水里或陆地上的动物都很重要。动物会以不同的发声方式与同类联络感情、求偶、沟通、示警等。

昆虫

昆虫靠特殊的发声器发出声音，而每一种昆虫的发声部位都不太一样。例如，雄蟋蟀通过摩擦一对坚硬的翅膀发出声音来吸引雌蟋蟀，而雌蟋蟀的翅膀非常平滑，因此无法发声。

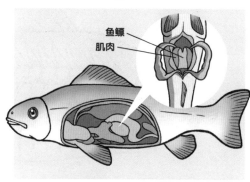

鱼鳔
肌肉

鱼类

虽然鱼类没有声带，但是它们也能发声，且方式特别。例如：
- 有些鱼类以摩擦身体坚硬的部分来发声。
- 靠背鳍、胸鳍或臀鳍的振动来发声。
- 收缩鱼鳔周围的肌肉，使鱼鳔里的气体振动而发声。

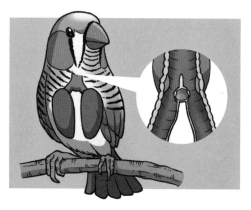

鸟类

鸣管是鸟类的发声器官，位于气管和支气管的交界处。当气流通过鸣管的鸣膜时，鸣膜就会振动发声，所以鸟类在呼气和吸气时都能发出鸣叫声。而鸣肌的功能则是调节鸣叫的音量及音调。

动物能听到声音吗？

鸟有耳朵吗？

鸟类具有敏锐的听觉，虽然它们没有耳郭，但依然能分辨出来自背面、上面、下面和左右方的声音。这是因为鸟的头部形状较特殊。当声波传至头部任何一个位置，声波会被吸收、反射或折射，而鸟的大脑会通过两侧耳朵的音量差别来判断声音是来自哪方。

鱼的听觉器官

鱼是有内耳的，并由椭圆囊、球囊、瓶状囊和三个半规管组成。椭圆囊和球囊里有听斑，而每个半规管的壶腹里有听嵴。当外界的声音传至鱼的内耳时，淋巴振动刺激到听斑的感觉细胞，产生信号并传送到大脑。

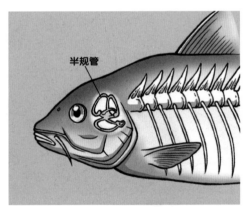

昆虫的听器

昆虫通过感官器接收外界的声音，来逃避天敌的捕猎或寻找猎物。比如有些蛾有鼓膜听器，能够探测到蝙蝠发出的超声波来逃过被捕食的命运。

第4章
参见女王!

水坝基地

他真的在这里吗?

那个小孩没有说谎吧!

喂! 别随地大便!

放开我！

嘿，长得蛮可爱的！

无礼……我可是很凶的！

可恶！白兵团居然勾结地球人。

为了消灭我们，他们还真是不遗余力啊！

密报说他们明天就会动手，我们不能坐以待毙。

你们在说什么外星语啊?

我们决定和白兵团战斗了,你是人质,可以用来威胁地球援军撤退!

你们果然是邪恶的叛军,难怪穿着一身黑漆漆的衣服!

吵死了,再叫就把你捉去喂宇宙蚁狮!

宇宙蚁狮?

那是我们跟幽暗术士交易得来的怪兽,本来它会是我军最强的战力!

但我万万没有想到……

他又把魔吼兽卖给了艾亚姆王国，如果真的跟他们打起来，胜负难料！

幽暗术士？卖给了艾亚姆王国？

王国会议室

我一定要活捉魔吼兽！

各位大臣，如果我们控制了魔吼兽，就可以把黑军团消灭，请你们支持我！

布诺将军，我知道你不喜欢黑军团，但请你冷静一点。

难道你们还想替叛军说话？

你应该知道女王并不想看到内战发生，你还擅自请了地球人来当援军！

那个……
我听到了你们的会议内容。

!

有一件事必须说清楚，我们不是来参战的。

放心吧！只要成功消灭黑军团，我们会支付一大笔赏金的。

我不是这个意思……

小尚，你问他们知不知道神秘人的事。

不如我再叫女王封你们为贵族?

我才不要,我们是来阻止你们在地球上开战的!

为什么?

你会让别人在你家打架吗?

话说,石头人呢?

石头去找安娜姐了,不知道她到底掉到哪里去了?

你的朋友失踪了?需要我们帮忙吗?

咦,你是谁?

我是艾亚姆王国的女王。

女王?!

参见女王!

不必行如此大礼。

看我这优雅的皇室礼仪。

好恶心的姿势。

皇家格斗术!

请别破坏城市……

你是女王？我们刚才太失礼了！

哈哈，不必在意。

我们寄居在地球，才真的不好意思呢。

看到你们相处得这么友好，我真的很羡慕！

友好？

他们平时就是那样打打闹闹的。

只有在和平的星球才能养育出像你们这么活泼的孩子。

但你们在享受着和平的同时，宇宙正在发生着一场……

动物的听觉与发声频率

	听觉频率范围（赫兹）	发声频率范围（赫兹）
人	20~20000	85~1100
狗	15~50000	450~1800
猫	60~65000	760~1500
蝙蝠	1000~200000	10000~120000
海豚	150~150000	7000~120000

动物害怕的声音

由于动物能接收到高频率的音频，所以它们能够听到极微弱的声音。比如狗的听力比人类好，因此有些日常生活中的声音对它们来说是极为不舒服的，如吸尘器的声音、鞭炮声、雷声、用力关门声等，都会让它们感到痛苦。

发声找伴侣

一些动物则会靠叫声来吸引伴侣。雄性南美泡蟾为了吸引雌性，会在池塘边不停地叫。不过这些叫声也有可能引起捕猎者的注意，因此雄性南美泡蟾在求偶的过程中，也有可能会丧失性命。

声音对动物的用途

进行沟通

次声波的频率小于20赫兹，虽然人类无法感知次声波，但一些动物会使用次声波进行交流。比如大象能够发出和感知次声波，因此它们会利用次声波来进行沟通，而它们所发出的次声波可以传到约10千米外的地方。

作为回声定位

许多动物会利用超声波进行捕猎和回声定位。例如海豚会对外发射超声波，当超声波反射回来后，海豚就能精确地探测到猎物或周围环境的情况。

回避捕猎者

夜蛾能感知1000~240000赫兹的声音，因此当蝙蝠发出高频率尖叫声，夜蛾的鼓膜器接收到超声波后，便可以及时躲避蝙蝠，避免成为蝙蝠的食物。

第5章
战争不是一场游戏!

嗖!

它是谁啊?

激光
回旋镖？

惊喜吧！

即使来到地球，遇到了魔吼兽，士兵们最关心的依然是战争。

但那个怪兽不是地球上的生物，是某个神秘人带来的。

我知道……

魔吼兽是幽暗术士带来的怪兽。

幽暗术士？

神秘人的称号？

咦……原来你们不知道？

他们是宇宙顶级的科学家三人组。

请告诉我们关于他们的事情！

啊？好的。

幽暗术士共有三人，魔吼兽身上的双孔徽章……

正是其中怪兽术士的标志。

他们还有单孔徽章的机器术士和三孔徽章的改造人术士。

他们来自穆玛星，应该也是因为宇宙战争而逃来地球的吧！

科学家？那么宇宙蚁狮被放在阿塔卡马沙漠……

难道是一场实验？

地鼠人被捕猎，是为了找实验材料？

也就是说……

地球已经成了他们的实验场！

在哪里？
在哪里？

找到了！

澳大利亚的
豪勋爵岛
竹节虫！

……

……

我在干什么？
我应该去找安娜
姐才对啊！

艾亚姆王国度过了一千年和平的日子，这里的人早已忘记战争的残酷。

年轻一辈都渴望成为战争英雄，还打算利用魔吼兽杀害同胞……

放心吧！我们本来就是为了调停战争而来的。

真……真的吗？

那我就放心了。

女王，您跟他们说了什么？

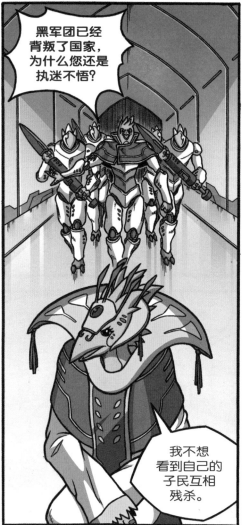

黑军团已经背叛了国家，为什么您还是执迷不悟？

我不想看到自己的子民互相残杀。

只要我们诚心修复好关系，他们一定会回来王国的。

我们操练了这么久，就是期待一场光荣的战争，您为什么要阻止？

因为战争……

不是
一场游戏！

听你们的口气，跟黑军团差不多，都是好战分子。

难道不用牺牲就能获胜吗？

地球上第一次世界大战，伤亡人数超过3500万人。

你们无法想象，当时的地球人是怎么熬过来的。

第二次世界大战，单是死亡人数就超过7000万人。

更鄙视把战争当儿戏的家伙！

滴
滴

臭阿空，亏我还以为你有办法不让我们掉到水里！

我的飞行器突然坏了啊！

看来还得再改良一下。

还有，你的激光回旋镖用一次就坏了吗？

先别说这些了。

地球的处境非常危险！

共振

两个振动频率相同的物体放在一起，当其中一个振动，另一个也会振动，这就是共振（共鸣）现象。例如：发动机会以固定的频率振动，导致交通工具在发动时也会跟着剧烈振动。

共振具有破坏力

女高音可震碎玻璃杯，是因为声音和玻璃杯的固有频率一致。

当士兵的踏步声与桥梁频率共振，会导致桥梁断裂，因此士兵都会迈着小步过桥。

在雪山喊叫，当声音与雪产生共振，加剧了雪的振动，就会引起雪崩。

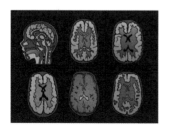

小知识 不只声音会共振，磁也会共振。利用核磁共振原理制成的磁共振成像（MRI），可绘制物体内部的组织图像，是医学发展的一大突破。

◀ MRI绘制的人脑构造图像

回声

回声是声波在传播时遇上障碍物后反射而形成的，碰到硬的和光滑的障碍物尤为显著，如墙壁和地面。柔软的材料会吸收声波，因此在一个满是窗帘和地毯的房间，几乎听不见回声。

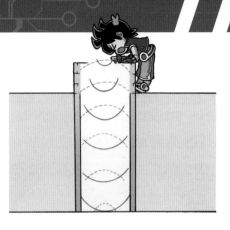

消音室的四壁和顶棚由特殊材料制成，能吸收所有的声音，外来杂音无法进入，也没有回声。由于太过安静，人们在里面能清楚听见自身血液流动、呼吸和心跳的声音。技术员会在这里进行跟声波有关的测试，如新推出的耳机、麦克风、乐器等产品的测试。

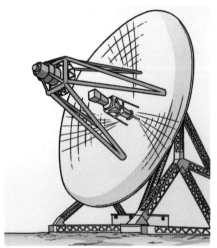

科学家利用回声的原理制造出雷达，可以探测到距离遥远的物体及其移动速度，用来寻找失踪的飞机和船只，以及预测天气，十分有效。

| 小知识 | 希腊神话故事里的山林女神——Echo，被天后赫拉剥夺了正常说话的能力，她只能重复别人说的话的最后三个字。"Echo"也就演变成回声的字面意思。 |

第6章
疯狂的战争!

对不起了,
女王。

嘿!

你们想干
什么?

这一次
我们不会再
退让了!

布诺……

我们找异星调查局是希望你们帮忙捕捉魔吼兽，然后讨伐叛军！

如果你们也一样反对我们开战，那就请你们离开！

你知道魔吼兽属于一个危险组织吗？

我知道是幽暗术士，但我管不了这么多！

白兵团，别以为躲在隐形地带就会没事！叫那些地球人离开，我们手上有人质！

他们居然来了！

女王，通知大家赶快疏散！

不知死活的家伙，居然自己送上门来！

黑军团……

那我们就奉陪了！

你们留下，我去跟他们谈判！

小尚！

这是我们名留青史的一战！

绝不允许任何人干扰！

上吧！白兵团最强！

黑军团
万岁！

快住手，别再增加伤亡了！

他们……是为了荣誉而战，绝不后悔……

嗖！

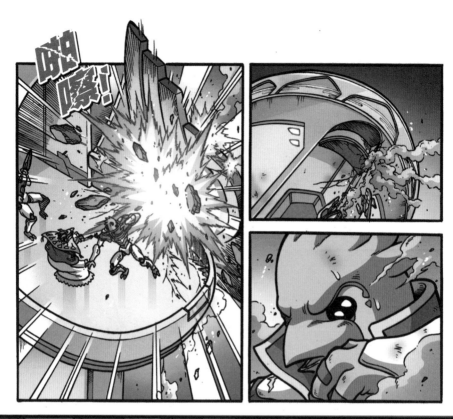

102

呵呵，我的飞行部队只是诱饵，只要魔吼兽出现，就会把它引到城外。

然后潜伏在地底的宇宙蚁狮就会直捣艾亚姆城！

女王啊……别怪我太狠，都是你……

声乐

声乐是指用人声演唱的音乐，不一定需要乐器伴奏，人的声音才是重点，可由一个或多个歌手来表演。我们一般说话的时候，频率范围是50～500赫兹，而唱歌的时候，则能达到700赫兹。受过声音训练的人，可以分成以下各种声部，每个声部所能发出的声音频率范围也不同。

男低音：72～330赫兹	女低音：174.6～784赫兹
男中音：123～493赫兹	女中音：196～1046赫兹
男高音：110～523.3赫兹	女高音：220～1400赫兹

青少年在青春期都会经历变声的阶段，成年后声音基本不会改变。男生的声带会变得厚长，频率偏低，声音低沉。女生的声带会变得细短，频率较高，声音响亮。当然，也有一些女生的声音天生低沉，而一些男生的声音天生轻柔。

音域是指乐器或人声能发出的最低音至最高音的范围。如果一首歌曲的音域在100赫兹以下，女生去唱的话就无法发挥自如。同样的，如果音域在600赫兹以上，男生就会唱得很辛苦。

随手可得的声音

我们身边随手可得的物体都能发出声音，比如玻璃杯就是一个很好的发声工具，只要善加利用就能奏出美妙的声音。

将7个玻璃杯倒入不同分量的水，再用一根木棍或筷子轻轻敲击，就能奏出犹如钢琴般美妙的声音。

将7个高脚玻璃杯倒入不同分量的水，把手指完全沾湿后，在杯口以同一个方向在边缘轻轻地摩擦（顺时针或逆时针皆可），就能发出清脆悦耳的声音。

将7个玻璃瓶子倒入不同分量的水，用嘴吹一吹瓶口，就能发出犹如管乐器的声音。

以上是利用物体的振动，进而引起空气振动产生声音。杯中的水越多，杯子的振动越慢，发出的声音越低；杯中的水越少，杯子的振动越快，发出的声音越高。

每一个玻璃杯中不同的水量，就能代表不同的音调，例如C大调的音调是7个，唱法是Do、Re、Mi、Fa、Sol、La、Si。只要调整好水的分量，就能奏出一首简单的歌曲了。

第7章
魔吼兽的持有者是……

安娜姐！

你不是被关住了吗？

石头，替我翻译给这个小人听。

以后别用那种魔术箱关人！

哈哈哈！

？

一碰到机关马上就能打开了。

嗖！

嗖！

石头，给我一个翻译器！

我要亲自审问他！

小人，快告诉我幽暗术士在哪里？

我只知道我的战机一定会把你们击晕！

有石头在，你的战机根本构不成威胁。

别抵抗了，告诉我为什么你说幽暗术士把魔吼兽卖给了艾亚姆王国？

你自己去问啊！去问那个艾亚姆王国的……

110

魔吼兽！

它出现了！

各位白兵团和黑军团的战士！

请大家停止战斗！

我们本来就是同胞，不应该自相残杀！

请大家团结一致，把魔吼兽击退吧！

……

布诺，快下命令叫他们停止！

布诺……

各位，请先专注对付魔吼兽！

砰！

？

消灭黑军团对白兵团的长久地位有利！

不能让他们逃了！

可恶的白兵团，果然只是为了自己的地位！

砰！

消灭白兵团，夺取艾亚姆王国政权！

这些家伙……

自私自利！简直跟有些人一模一样……

吃我一颗电子脉冲弹吧！

嗞！

咦？想不到这次脉冲弹居然有用！

咔嚓！

咔嚓！

甚至把王国的隐形力场也破坏了！

嗖！

啪嚓！

小宇！

可恶，如果我的破星武者在的话……

那是……

乐器是怎么发出声音的？

器乐是指用乐器来演奏的音乐，完全不用人声，而是利用各种
不同的乐器来演奏。每一种乐器的声音都有频率范围，如钢琴
是28～4186赫兹，小提琴是196～2093赫兹，民谣吉他是82～
1397赫兹等，所以每种乐器奏出的声音也会带来不同的感觉，
那么各种乐器是怎么发出声音的呢？

钢琴

钢琴是常见的键盘乐器，只要按下琴键，牵动着的琴槌就会敲击钢丝弦发出声音。钢
琴的种类有立式钢琴、三角钢琴和数位钢琴。以下是钢琴的内部构造。

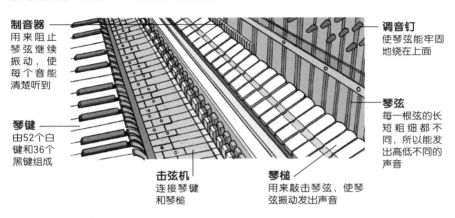

制音器
用来阻止
琴弦继续
振动，使
每个音能
清楚听到

琴键
由52个白
键和36个
黑键组成

击弦机
连接琴键
和琴槌

琴槌
用来敲击琴弦，使琴
弦振动发出声音

调音钉
使琴弦能牢固
地绕在上面

琴弦
每一根弦的长
短粗细都不
同，所以能发
出高低不同的
声音

吉他

吉他是常见的拨弦乐器，用手指拨动琴
弦，使琴弦产生振动并传递给琴桥，琴
桥再传给面板和共鸣箱，声音在共鸣箱
内混合放大，再通过音孔发出。吉他的
种类有古典吉他、民谣吉他和电吉他。

琴弦
由6条弦组
成，古典吉他
用的是尼龙
弦，民谣吉他
是钢丝弦

音孔

琴桥

面板

共鸣箱

鼓

鼓是常见的打击乐器，使用棒、槌等东西打击鼓面，使鼓皮振动，鼓身和鼓底会产生共鸣而发出声音。小鼓的鼓底装上了响弦，会发出类似"沙沙"的声音，而不是"咚咚"的声音。鼓的种类有定音鼓、大鼓、小鼓等。

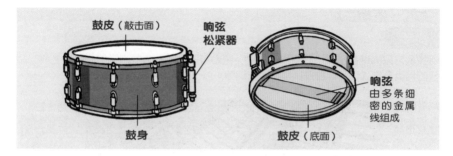

鼓皮（敲击面）　响弦松紧器

鼓身

鼓皮（底面）

响弦
由多条细密的金属线组成

直笛

直笛是一种木管乐器，早期以硬木制成，现多以合成树脂制成。往笛嘴吹入空气时，一部分的空气从笛唇释放，一部分则进入笛身内，激发管内空气柱振动，并借由按住的指孔数来决定声音的高低。而单簧管、双簧管、萨克斯管则是靠笛嘴处放置的弹性簧片振动来发声。

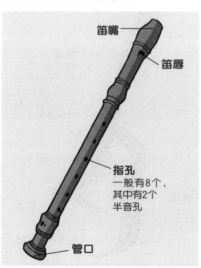

笛嘴

笛唇

指孔
一般有8个，其中有2个半音孔

管口

小号

小号是一种铜管乐器，需要把嘴唇紧紧地靠在吹口上，吹气时振动嘴唇，并带动管身内的空气振动产生声音，用三个活塞调音。吹奏者能控制嘴唇和吹气量来改变音量、音调。

第8章
来场五对一的
决斗吧！

喂！诺贝尔队的家伙，不需要你来帮忙！

谁想帮你，我只是来抢功劳的！

好大的口气，别忘了我是第一名！

我很快就会追上你的！

别小看艾美丽的腿力！

臭小宇，居然叫我这个淑女跑回车上启动机器人……

我们来看看谁先把它收拾掉吧！

小宇，你干吗那么兴奋？

地球援军加油！

女王，之前魔吼兽的两次袭击都没有人伤亡……

把这个怪兽消灭掉！

131

难道真的是女王在控制着它?

对不起……

魔吼兽确实是我召唤出来的……

我原本打算在没有伤亡的情况下也去袭击一次黑军团。

好让你们两个军团有共同的敌人。

这噪声……

好难受……

丽莎！

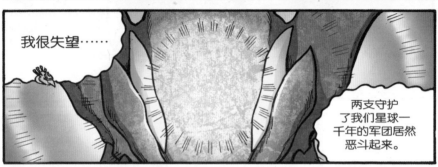

我很失望……

两支守护了我们星球一千年的军团居然恶斗起来。

我以为魔吼兽的出现可以让你们跟黑军团重新团结，一起对抗魔吼兽。

但是我错
了……

你们变得
更加疯狂！

甚至还
想把它捉
起来。

当成自己
的军力攻打
同胞！

一千年的和
平已经让你们
忘记了和平
的可贵！

它朝我们这里来了！

它把女王吞噬了……

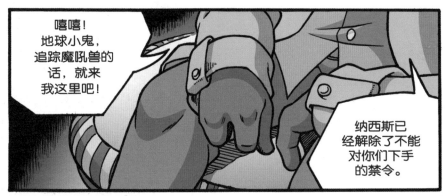

嘻嘻！地球小鬼，追踪魔吼兽的话，就来我这里吧！

纳西斯已经解除了不能对你们下手的禁令。

音波攻城 · 完

为什么下雨的时候，特别好入睡？

雨声的频率固定，能够隔绝许多嘈杂的声音，如时钟声、谈话声、汽车声等，让大脑进入屏蔽的状态，并传递一种无害的信息，能够让人放松心情，比较容易入睡。在失眠的时候，不妨播放雨声的音乐来听，或许能够稳定情绪，让大脑得到休息，并有助于入睡。

相反地，蚊子发出的"嗡嗡"声，因频率变化多，所以会干扰人类休息，让人觉得烦躁。

植物能够听到声音吗？

鼠耳芥在被毛毛虫啃食的时候，会分泌一种化合物芥末油，让毛毛虫失去食欲。根据美国密苏里大学哥伦比亚分校的一项实验，研究人员将毛毛虫咀嚼鼠耳芥的声音录下来，并尝试播放给其他鼠耳芥"听"，发现这些声音也会刺激鼠耳芥，让它分泌芥末油。

另外，如果给植物播放一些优美的音乐，能够促进植物的生长；相反地，如果长期让植物听喧闹的摇滚音乐，则会延迟它们的生长，甚至会让它们枯萎死亡。

如何改变声音？

每个人说话的方式、音量、频率都不一样，如果想要改变说话的声音，那么应该怎么做呢？

录下自己的声音

将自己不同时刻的声音录下来，这样才能更好地分辨和改进说话的声音。

我~后~喝~

消除鼻音

鼻音重的人说话的声音会高一些，且比较难听清楚他们在说什么。这是因为他们的鼻子被堵住了，所以发声受到影响。因此，保持呼吸道通畅是非常重要的。

使用嘴唇和鼻子说话

当使用嘴唇和鼻子说话时，声音会显得饱满和低沉。在发声时，用手指摸着嘴唇和鼻子检查看是否发出振动，如果没有的话，则多尝试各种发声的方式。

好好保护声带，以免失声！

声带位于喉部，通过振动来发声。如果过度使用声带，声音就会变得沙哑，严重的话甚至会失声。因此，应该好好保护声带，避免声带损伤。

▶ 避免经常尖叫，这样会给声带造成负担，并患上喉炎等疾病。

▶ 多锻炼身体，多呼吸新鲜空气，提高呼吸道的免疫力。

▶ 少吃刺激性的食物，禁烟禁酒。

▶ 练习正确发声，并确保声带有足够的休息时间。

习题

01

次声波的频率（　　）。

A. 小于20赫兹

B. 小于50赫兹

C. 小于80赫兹

02

以下关于超声波的叙述，哪一项是错误的？（　　）

A. 波长比次声波短

B. 人类能听见超声波

C. 超声波是高频率声波

03

雄蟋蟀通过摩擦（　　）发出声音来吸引雌蟋蟀。

A. 腹部　　　　B. 触角　　　　C. 翅膀

04

人的听觉频率范围是（　　）。

A. 20～20000赫兹

B. 15～50000赫兹

C. 60～65000赫兹

05

飞机突破声障时，会形成（　　）。

A. 声速　　　　B. 声爆　　　　C. 声波

06

声音对动物来说有不同的用途，以下哪一项是错误的？（　　）

A. 进行沟通

B. 吸引捕猎者

C. 作为回声定位

07

女高音可以震碎玻璃杯是什么现象导致的？（　　）

A. 共振　　　B. 回声　　　C. 超声波

08

（　　）是指乐器或人声能发出的最低音至最高音的范围。

A. 声带
B. 频率
C. 音域

09

右图圈起来的位置是（　　）。

A. 音孔　　　B. 弦钮　　　C. 琴桥

10

小鼓的鼓底装上了（　　），就会发出类似"沙沙"的声音。

A. 响弦
B. 钢弦
C. 琴弦

11

一般客机最快的速度是（　　）马赫。

A. 0.7　　　B. 0.8　　　C. 1

12

以下是保护声带的方法，哪一项是正确的？（　　）

A. 唱高音的歌曲
B. 经常大声尖叫
C. 少吃刺激性的食物

答案

01. **A** 02. **B** 03. **C** 04. **A**

05. **B** 06. **B** 07. **A** 08. **C**

09. **C** 10. **A** 11. **B** 12. **C**

像我这么聪明，真难得！继续努力吧！

答对
10—12题

答对
7—9题

我不相信！我要重做一次！

答对4—6题

我……让我再读一遍这本书！

答对
0—3题

我会继续努力的！

148

著作权合同登记号：图字 13—2021—112 号

图书在版编目（CIP）数据

音波攻城：声音 /（马来）文煌著；马来西亚氧气工作室绘 .
—福州：福建科学技术出版社，2022.12
（X探险特工队科学漫画书）
ISBN 978-7-5335-6807-8

Ⅰ . ①音… Ⅱ . ①文… ②马… Ⅲ . ①声学 – 普及读物
Ⅳ . ① O42-49

中国版本图书馆 CIP 数据核字（2022）第 129663 号

书 名	音波攻城：声音
	X 探险特工队科学漫画书
著 者	［马来西亚］文煌
绘 者	［马来西亚］氧气工作室
出版发行	福建科学技术出版社
社 址	福州市东水路 76 号（邮编 350001）
网 址	www.fjstp.com
经 销	福建新华发行（集团）有限责任公司
印 刷	福建新华联合印务集团有限公司
开 本	889 毫米 ×1194 毫米 1 / 32
印 张	5
图 文	160 码
版 次	2022 年 12 月第 1 版
印 次	2022 年 12 月第 1 次印刷
书 号	ISBN 978-7-5335-6807-8
定 价	28.00 元

书中如有印装质量问题，可直接向本社调换